AF313390

MANUEL

D'AGRICULTURE PRATIQUE

POUR LE CENTRE DE LA FRANCE.

A SON ALTESSE ROYALE

MONSIEUR LE DAUPHIN.

MONSEIGNEUR,

En plaçant votre nom auguste à la tête de ce petit **Manuel d'Agriculture**, *destiné à éclairer les pauvres cultivateurs et à fonder un établissement de charité,* VOTRE ALTESSE ROYALE *comble les vœux de l'auteur, puisqu'elle assure le succès de son livre.*

Nos laboureurs, dont vous augmenterez les ressources, et nos pauvres, dont vous sécherez les larmes, mêleront leurs vœux et leurs prières, pour que Dieu, qui protége la France, lui conserve à jamais la famille de nos rois.

Je suis avec un profond respect,

MONSEIGNEUR,

DE VOTRE ALTESSE ROYALE

le très humble serviteur,
SAULNIER D'ANCHALD.

Aux Tuileries, le 17 mars 1830.

CABINET
de
MONSIEUR LE DAUPHIN

MONSIEUR,

Je m'empresse de vous prévenir que Monsieur le Dauphin veut bien accepter la dédicace du petit *Manuel d'Agriculture* que vous êtes dans l'intention de publier sous les auspices de Son Altesse Royale.

Vous pouvez, Monsieur, faire paraître votre ouvrage avec l'Epître dédicatoire qui se trouve en tête du manuscrit que vous avez soumis à Monseigneur, qui a été examiné, et qui offre l'avantage bien précieux de ne renfermer que des choses vraies, exactes et démontrées par l'expérience.

Agréez, Monsieur, l'expression de mes sentimens les plus distingués.

Baron DACHER,
secrétaire de S. A. R.

A M. Saulnier d'Anchald, membre de l'Académie
des Sciences de Clermont.

Un Manuel d'agriculture qui serait à la portée de toutes les intelligences, dont les conseils seraient courts, simples et faciles, qui énoncerait tout ce qu'il est essentiel de pratiquer, sans faire mention de recommandations inutiles; un Manuel enfin uniquement fondé sur une suite d'expériences bien faites dans un terrain analogue devrait être considéré comme un avantage pour le plus grand nombre des cultivateurs, qui ne peuvent pas aller puiser dans les livres d'agriculture, trop volumineux ou trop chers pour eux, les seuls principes qui leur conviendraient. Sans doute il en est de très bons dans ces nombreux volumes, mais ils sont entourés de conseils, de faits si disparates ou de si difficile exécution qu'il faut être agriculteur consommé pour faire un bon choix. D'ailleurs la même agriculture ne peut être adoptée dans tous les pays. Celle du midi de la France ne peut convenir au centre, et surtout aux pays du nord.

Il serait donc nécessaire d'avoir un Manuel pour chacun de ces climats. Je ne crois pas qu'il en existe un pour le centre de la France ; c'est celui que je me suis proposé, parce qu'une expérience de quarante années m'en donne la faculté : encore dois-je prévenir que m'étant occupé spécialement de l'amélioration des pays granitiques, des terrains légers et sablonneux, situés à l'est du département du Puy-de-Dôme, les conseils que je donnerai ne pourront pas s'appliquer en totalité aux terrains les plus fertiles des départemens du centre et même de la Limagne d'Auvergne. Ce que j'ai à dire cependant intéressera encore unngrad nombre de propriétaires, parce que ces terrains légers ne sont malheureusement que trop étendus et pour la plupart assez mal cultivés. Ces pays sont variés ; ils comporteraient des améliorations de bien des genres, notamment celle du boisement des montagnes, de tous les terrains à pentes rapides et même de ceux en plaine, qui sont trop ingrats pour être amenés à de bonnes productions en céréales. Je répéterai quelques faits et observations que j'ai lus ou donnés dans différentes notices à la Société royale et centrale d'agriculture, dont j'ai l'honneur d'être membre correspondant. Je ferai aussi mention de quelques réflexions et recommandations contenues dans différens Mémoires que j'ai lus à l'Académie

(4)

des Sciences de Clermont(Puy-de-Dôme),
et dans le conseil départemental d'agriculture, sur plusieurs parties de la science
agricole, et spécialement pour *déterminer*
aux semis et plantations de bois. Je pourrais
même ajouter qu'aux conseils et moyens
pour y parvenir j'ai toujours joint l'exemple des plantations et des semis de bois,
lesquels ont été jugés dignes du premier
prix en 1829, la seule année où je me sois
mis sur les rangs pour concourir. Quel-
ques-uns de ces semis et plantations re-
montant à 1790, sont maintenant la
preuve manifeste de l'utilité de cette amélioration, par le revenu qu'ils produisent
et surtout par le capital dont ils donnent
l'espoir. Une fois pour toutes, je préviens
que je ne conseillerai rien qui ne m'ait été
bien prouvé par l'expérience.

En 1821 j'avais offert à Son Exc. le ministre de l'intérieur de cultiver à mes frais une ferme-modèle. Mon offre ne fut pas acceptée : le travail que je présente aujourd'hui pourrait être considéré comme un compte général de ce que j'aurais fait alors chaque année. Dans l'un et dans l'autre cas, mon but était, comme il est maintenant, celui d'être utile. La culture que je pratique depuis quarante années dans ma réserve sur le plan exact de ce Manuel, et que j'ai fait admettre jusqu'à un certain point dans les domaines que je possède auprès de mon habitation, étant adoptée autour de moi par le peuple et certains propriétaires, qui avaient commencé par blâmer l'opération et qui aujourd'hui ne voient rien de mieux à faire que d'en suivre l'exemple dans les défoncemens comme dans les composts me donne l'espérance qu'il en pourrait être de même dans la partie centrale de la France, qui a beaucoup de rapports avec celle que j'habite ; puisque la routine, les préjugés de jachère d'année à autre et plusieurs mauvaises cultures étaient ici en-racinés autant qu'ils peuvent l'être dans d'autres départemens.

MANUEL

D'AGRICULTURE PRATIQUE

POUR LE CENTRE DE LA FRANCE.

CHAPITRE PREMIER.

ANALYSE DES TERRES.

Connaissance du terrain sur lequel on doit opérer, au moyen de l'analyse.

La première connaissance nécessaire à un agriculteur est bien celle du terrain qu'il doit cultiver; c'est elle qui le détermine à faire le choix des substances qui entreront dans la composition de ses engrais.

L'analyse des terres n'est pas facile; lorsqu'on veut l'avoir bien exacte il est indispensable d'avoir recours à quelque chimiste; mais dans la pratique ordinaire on peut se borner à l'une des deux manières suivantes. C'est tout ce qu'il y a de plus simple et de plus facile : il suffit de se munir de balances bien justes et de poids divisés en cent grains, d'un creuset à brûler les terres, de quelques vases de verre pour laver et décanter et de quelques acides, tels que bon vinaigre et acide sulfurique.

Prenant une portion donnée de la terre du sol que l'on veut analyser, cent parties par exemple, on la fait sécher, puis on la pèse ; on la lave, ensuite on décante au bout d'une minute, de deux minutes et de trois minutes. Dans le premier dépôt, celui fait au bout d'une minute, sera le sable, gravier ou substance la plus pesante ; dans les deux autres, les parties fines du sable, et enfin après quelques heures de repos on aura par le quatrième et dernier versement de l'eau, le dépôt de l'argile et des substances animales et végétales. On fera sécher tous ces dépôts, ils seront pesés séparément et donneront la proportion pour laquelle ils entrent dans la formation du sol. Pour connaître si les sables sont calcaires ou siliceux on versera de l'acide sulfurique, et s'il n'y a pas d'effervescence c'est une preuve que le sable est siliceux. On pourra de même faire l'essai des dépôts n°s 1, 2 et 3 On aura la certitude que le sable est siliceux si le verre contre lequel on le frottera en est rayé.

Quand au dépôt n° 4, il sera chauffé au creuset et remué avec une spatule de métal jusqu'à ce qu'on n'y aperçoive plus de noir, et si pendant ce temps-là il s'exhale une odeur fétide comme de plume brûlée, c'est une indication de substance animale. Si l'on remarque une flamme bleue, c'est une preuve qu'il existe de la matière végétale. Après l'ignition on pèsera de nouveau et la perte en poids indiquera la quantité de chacune de ces substances.

Second moyen d'analyse, tiré de l'*Almanach du bon jardinier*.

On prend une quantité donnée de terre, on la dessèche bien et puis on pèse; on la chauffe ensuite jusqu'à ce qu'elle rougisse; on brûle par cette opération la matière végétale, on lave ensuite la terre, on la dessèche et on la pèse. La réduction du poids fait connaître la quantité de matières végétales et de sels; on verse un acide quelconque sur cette terre, il se combine avec la chaux et forme un sel. On lave et on sèche de nouveau. Il ne reste plus que l'alumine et la silice, si après l'avoir lavée on a laissé à l'alumine le temps de se déposer. Enfin on jette de nouveau de l'eau sur ce résidu ; le sable se dépose promptement ; on verse l'eau qui entraîne l'alumine, et il ne reste que la silice. Par ce moyen assez simple on découvre à peu près les proportions des terres et des matières végétales ou animales qui composent le sol.

~~~~~~

CHAPITRE II.

Moyen d'assainir les terrains humides et d'augmenter la profondeur
de terre en faisant successivement des fossés ; travail connu sous
le nom de défoncement partiel.

Il ne faut jamais espérer une bonne récolte
dans les terrains d'où les eaux ne pourraient
pas facilement s'écouler ; c'est surtout dans les
champs granitiques qui ont peu de profondeur
de terre que les eaux sont plus nuisibles, parce
que le rocher s'oppose à leur filtration. En
hiver lorsque alternativement il gèle et dégèle,
dans cet état d'humidité extrême, la terre se
gonfle et les plantes restent déracinées à la superficie. En été au contraire les plantes qui
ont été épargnées par la gelée ne peuvent ré-
sister à une sécheresse de quelques jours ; l'humidité manque et ne permet pas à la plante
de taller ; souvent même elle meurt avant
d'avoir produit un chétif épi.

On peut remédier à ces deux inconvéniens
par deux sortes de défoncemens qui donneront
à ces champs, presque condamnés à la stérilité,
~~~~~~

la profondeur de terre dont ils étaient privés, lorsque le tuf granitique est assez tendre pour être creusé avec facilité ; quelque maigre que paraisse ce terrain, il s'améliorera promptement par la culture.

Tout le monde connaît le défoncement fait en totalité à tranchées ouvertes et comblées au fur et à mesure par la terre que l'on sort de la tranchée supérieure ; il est avantageux, mais il a l'inconvénient d'être plus dispendieux et d'exiger une plus grande quantité de fumier pour le faire réussir immédiatement.

Le second défoncement, que j'ai nommé partiel, mérite à tous égards la préférence, surtout dans les champs sujets à l'humidité ; parce que, n'opérant que sur la quatrième portion du terrain, les frais sont moins considérables et qu'il n'en fertilise pas moins la totalité du champ et avec plus d'avantages que si le défoncement était total. Dans le défoncement partiel une petite quantité seulement de granit ou de glaise étant ramenée à la superficie à chaque fois, le terrain n'en est pas encombré comme dans le défoncement total.

En divisant l'amélioration d'un champ en seize années à dater du moment où elle est commencée, cette méthode assure de belles récoltes au propriétaire pendant tout ce temps, et même à perpétuité, ainsi qu'une occupation à la classe ouvrière.

Voici de quelle manière se fait le défoncement partiel : on divise le champ que l'on veut défoncer par planches de seize pieds et dans une direction commode pour l'écoulement des eaux, que l'on pourra quelquefois utiliser pour l'irrigation des prés. Un fossé de quatre pieds de largeur sur un pied trois pouces (406 millimètres) est ouvert entre chacune d'elles, et le terrain jeté avec la bèche ou avec la pelle, moitié à droite, moitié à gauche de chaque planche qui forme ainsi une espèce de dos d'âne. Un léger éboulement du bord de chaque fossé facilite le premier labour et occasionne dans lesdits fossés la chute d'une suffisante quantité de terre, ce qui achève de régulariser le dos d'âne, et ne laisse entre les planches aucun intervalle sans culture. Un seul petit sillon, ouvert dans l'endroit le plus bas du fossé, sert à recevoir en hiver les eaux de toute la planche et à leur livrer un passage facile.

Ces planches sont cultivées comme les autres champs: la première récolte est ordinairement en pommes de terre ou colzat, quelquefois même les pommes de terre succèdent aux colzats dans la même année, si le champ a été bien fumé. La seconde année, sur une semence de blé de mars on sème du trèfle. Le surplus de l'assolement est le même que celui que j'indiquerai chapitre VII. Les différens labours, surtout en prenant les fossés dans leur longueur, aplanissent presque le terrain; mais le premier fossé étant encore un peu indiqué, cela suffit pour calculer l'endroit où sera placé le second défoncement, avec cette différence que les fossés se trouveront pour lors dans le milieu de chaque planche, c'est à dire à l'endroit où la terre avait été élevée en dos d'âne la première fois.

Le défoncement de la troisième partie du champ doit être fait au bout de onze années. Cette partie se trouvera isolée, et l'on reconnaîtra facilement la place de l'un des fossés, en sondant aux deux extrémités, dans le cas où les ondulations du terrain n'en offriraient pas de marques certaines. Un des fossés étant reconnu, on mesurera douze pieds, après lesquels on tracera un autre fossé et ainsi successivement.

On procèdera de même au défoncement de la quatrième et dernière partie du champ, qui sera isolée comme la troisième ci-dessus ; il sera fait à la seizième année. Là se termineront les opérations du défoncement partiel ; il sera complété dans l'espace de seize années, si l'on a adopté l'assolement de cinq années et fait un quart du défoncement dans l'intervalle d'une rotation de culture. Il y aura plus de facilité lorsque l'on fera chaque défoncement immédiatement après la récolte du seigle ou du froment, puisque l'on aura pour l'opérer la fin de l'été, l'hiver entier et le commencement du printemps jusqu'aux semailles.

Il est à observer que lors du premier tracé qui divise le champ en portions de seize pieds, le fossé compris, il est essentiel de le faire exactement et à angles droits, afin de procéder plus régulièrement dans le tracé du second fossé de défoncement qui partage en deux portions égales le terrain sur lequel seront faits le troisième et le quatrième défoncement, qui seront l'un et l'autre de la même largeur de quatre pieds que les deux précédens, si les mesures ont été bien prises dans le principe.

Tableau du Défoncement partiel.

C	Ce fossé et tous ceux marqués C se font la 11e année.
A	Ce fossé et tous ceux marqués A se font la 1re année.
D	Ce fossé et tous ceux marqués D se font la 16e année.
B	Ce fossé et tous ceux marqués B se font la 6e année.
C	
A	
D	
B	
C	
A	
D	
B	
C	
A	
D	
B	

Nota. Chaque fossé est de quatre pieds, et les intervalles de l'un à l'autre de douze pieds.

Pendant les seize années que durera le défoncement, on aura obtenu de bonnes récoltes, surtout si on a pu fumer abondam-
ment le terrain qui aura été sorti à chaque fois
du fossé ; il sera très avide des engrais, qui con-
tribueront à changer et à bonifier la terre dans
les cinq années qui s'écoulent d'un défoncement à un autre. Les avantages de cette opération ne se bornent pas au simple écoulement
des eaux, et l'on peut dire que l'on est le créa-
teur d'un champ, puisque au lieu de deux,
trois ou six pouces de terre (54, 81 ou 162
millimètres) qu'il avait précédemment, on
lui en a donné quinze pouces (406 millimètres),
et cela sans compter tout l'exhaussement qui
doit résulter du remuement d'un tuf qui,
brisé et ameubli par les labours et la gelée,
ne peut jamais se tasser autant qu'il l'était la
première fois.

Le prix de chaque toise courante (2 mètres)
de ce fossé de quatre pieds (1 mètre 299 millimètres) est fixé chez moi à deux sous ou deux
sous six deniers (10 à 12 centimes et demi),
en fournissant aux ouvriers les outils néces-

saires, à l'exception des bêches. Cet ouvrage est ordinairement fait en hiver. Les ouvriers sont heureux de trouver à s'occuper pendant cette saison, où ils sont peu employés.

Il est nécessaire d'augmenter le prix ci-dessus pour les portions de rocher qui sont dures ; on peut les faire extirper au moyen de mines, si l'on a besoin de pierres pour constructions ; ou enfin renoncer à leur extirpation et se borner alors à recouvrir ces mêmes portions avec la terre que l'on prend dans les intervalles où elle surabonde. Ce transport, qui est fait aux époques où les ouvrages ne sont pas pressans, est d'un intérêt majeur et contribue plus qu'on ne pourrait le croire à fertiliser un champ.

Je vais encore parler de deux sortes de conventions que je fais avec mes ouvriers pour les défoncemens : elles pourront peut-être convenir à quelques personnes.

Plusieurs des ouvriers, que j'emploie, désirant cultiver le terrain à moitié fruit pour un an, préfèrent se charger de faire ces fossés à leurs frais ; aussitôt que les fossés sont achevés et les bords un peu éboulés, je fais labourer par

mes bestiaux le surplus de la planche; je fournis une grande quantité de fumier compost
et la totalité des pommes de terre pour la plantation, lesquelles sont placées par les ouvriers
dans les sillons que je fais tracer par mes bœufs.
Puis ils sarclent les pommes de terre à la ma-
.nière ordinaire, arrachent et récoltent les tubercules dont je fais conduire la moitié à leur
domicile; l'autre moitié m'appartient.

Autre convention. Dans les domaines où les
métayers sont à moitié fruit et n'ont pas cette
grande abondance d'engrais, je donne, à celui
qui veut faire à ses frais mon défoncement, la
totalité de la récolte; mais alors je ne lui
fournis ni les tubercules pour la plantation,
ni le fumier, ni même le secours d'aucune
bête arante pour travailler chaque planche
qu'il est en usage de bécher avant que de commencer le susdit fossé.

Dans ces deux derniers modes de défonce--
mens il y a le même avantage pour le cultivateur ouvrier qui l'entreprend, et il est aisé de
calculer que le champ est amélioré au moyen
du sacrifice de la moitié d'une récolte dans

le premier mode, ou de la totalité dans le second, et cela tous les cinq ans seulement : sacrifice dont on est amplement dédommagé
par l'accroissement des quatre autres récoltes
qui restent en totalité au propriétaire. En
définitive le champ aura été amélioré sans
qu'il en coûte aucune avance d'argent.

Ces derniers modes ont trouvé des imitateurs parmi les cultivateurs mes voisins. Il en
est cependant qui font aussi faire à leurs frais
les défoncemens; ils ne blâment plus la dépense que cela occasionne, en considérant les
produits qui en résultent.

CHAPITRE III.

Destruction des plantes parasites avant d'établir les prairies artificielles, considérées comme première base de l'agriculture. Moyen
d'élever et d'engraisser beaucoup de bestiaux ; labour en temps
utile ; emploi du temps.

Nous venons de voir qu'il était nécessaire de connaître son terrain, de l'assainir et de lui donner de la profondeur lorsqu'il en manquait ; il nous reste maintenant à parler de la nécessité où se trouve un agriculteur de purger ses champs de ces plantes malfaisantes, au nombre desquelles le chiendent tient le premier rang. Il ne faut pas s'attendre à de bonnes récoltes, tant que l'on aura à lutter contre ces plantes dévorantes qui s'opposeront toujours à la croissance des prairies artificielles, que l'on doit considérer comme la première base de l'agriculture ; puisque avec plus de fourrages on peut élever, nourrir et engraisser un plus grand nombre de bestiaux.

Lorsque la terre est infestée jusqu'à un certain point par les plantes parasites, il faut se décider à sacrifier une année de récolte pour labourer, herser à profit la terre pendant l'été, et parvenir ainsi à la nettoyer complètement. Je n'hésite pas à donner ce conseil, quoique je sois plus opposé que personne aux jachères, et que j'aie toujours pensé qu'en alternant les cultures on pouvait obtenir tous les ans de bonnes récoltes, même dans les terrains légers et sablonneux. Je dois encore faire observer que les défoncemens sont au nombre des meilleurs moyens d'approprier un champ. La culture du sarrasin y contribue aussi beaucoup, mais c'est surtout la culture de la pomme de terre qui, ameublissant la terre et la débarrassant de toutes ces plantes dévastatrices, doit, généralement parlant, précéder immédiatement l'établissement des prairies artificielles.

Pour former ces prairies, le trèfle de Hollande sera employé de préférence dans les pays granitiques ; la graine en sera semée au printemps en même temps qu'un blé de mars, tel que froment, orge ou avoine. L'année suivante le produit de cette prairie artificielle sera plus que doublé si au printemps, par un temps calme et humide, on y répand une demi-livre par toise carrée (154 kil. par 2 mètres) de plâtre cuit ou cru. En parvenant à avoir de beaux trèfles, non seulement on procure à ses nombreux bestiaux une nourriture abondante pour l'été comme pour l'hiver, mais les récoltes de céréales qui succèderont à ces trèfles en seront considérablement augmentées, et seront toujours proportionnées à la beauté qu'auront obtenue les trèfles.

En agriculture les profits résultent aussi des soins de tous les jours, de l'attention qu'il faut mettre à faire à propos, dans chaque champ, suivant qu'il est plus ou moins sec ou argileux, tous les labours nécessaires. Il est en général essentiel de les commencer de bonne heure : ceux qui doivent servir à préparer les terres qui reçoivent les blés de mars doivent être commencés avant l'hiver, et ceux pour le défrichement des trèfles aussitôt que faire se peut.

Lorsque les labours successifs auront fait descendre beaucoup de terre dans la partie basse du champ, il sera bien avantageux de la remonter dans le haut; c'est l'hiver qu'il faut choisir pour cette opération. Chaque tombereau vidé formera son petit monticule séparé et sera écarté plus tard afin de permettre aux gaz atmosphériques, aux pluies et au soleil de le pénétrer. On profitera aussi de cette saison, où les ouvrages ne sont pas pressans, pour conduire dans chaque champ la tourbe, la vase des mares, les marnes, les gazons, etc., que l'on destine à faire les composts dont nous allons parler.

L'emploi du temps et les travaux faits à propos sont deux points importans en agriculture et sur lesquels on ne saurait trop insister. C'est un moyen pour n'être pas trop pressé dans les ouvrages subséquens de l'été. On y parvient aussi en disposant quelques bestiaux pour être employés dans les momens où les travaux pressent. Cette faculté existe pour tous ceux qui, au moyen des prairies artificielles, ont un plus grand nombre de bêtes.

CHAPITRE IV.

Multiplication des engrais, comme second fondement de l'agriculture ;
emploi de tourbe, marne, terre et chaux dans les composts.

C'est avec raison qu'Olivier de Serres, ce patriarche de l'agriculture française, a dit que toute l'agriculture consistait *à bien labourer et surtout à bien fumer*. La multiplication des engrais devrait donc être considérée comme la première base de l'agriculture ; cependant je ne la nomme que la seconde base, parce qu'elle résulte de la multiplication des prairies artificielles qui seules, facilitant l'entretien de nombreux bestiaux, procurent beaucoup de fumiers.

Quelque quantité de bestiaux que l'on élève, que l'on engraisse, on n'aura jamais une suffisante masse de cet engrais animal, à moins d'être placé dans le voisinage des grandes villes, où les fumiers abondent ; et pour les multiplier suivant le besoin, l'on peut même dire à volonté, je n'ai vu qu'un moyen, celui de faire des composts dans lesquels je fais entrer la tourbe pour la partie principale. On est heureux lorsque l'on a à sa proximité cette terre si riche en humus. Plusieurs personnes ont peut-être ce bonheur et ne s'en sont pas aperçues. A son défaut on pourrait la remplacer par des vases d'étang, de mares d'eau, par des gazons de fossés, par des feuilles d'arbres et finalement par des terres qui seraient dans le cas d'améliorer les champs; comme de la terre un peu argileuse pour les terrains très sablonneux, et des sables granitiques pour les terrains trop argileux. Les marnes plus ou moins argileuses et calcaires amélioreront aussi chaque espèce de champ; étant employées dans les composts, on est dispensé d'en répandre ces quantités considérables que l'on conduit ordinairement dans les champs, comme engrais et amendement sans autre mélange. Si l'on est dans le voisinage des fours à chaux, la chaux elle-même ou les débris de la chaux connus sous le nom de *poussière de chaux, repoux* ou *chaussine,* que l'on donne à grand marché, peuvent être employées avec utilité. Toutes ces substances seront mises en un ou plusieurs amas ou mottes (1) et par couches successives et épaisses d'environ trois pouces (243 millimètres) d'épaisseur, en commençant par une couche de fumier sortant de l'étable s'il est possible. Par dessus ce fumier sera placé un lit de tourbe au-dessus de laquelle on répand une certaine quantité de chaussine ou de chaux; dans certains mélanges je fais mettre de la marne en remplacement de la chaux. On remue légèrement avec une pioche la chaux ou la marne qui s'incorpore dans la tourbe; on recommence ensuite par un autre lit de fumier et ainsi successivement jusqu'à la hauteur de six à sept pieds (1 mètre 949 millimètres). La tourbe entre ordinairement dans mes mélanges pour trois à quatre tombereaux sur un de fumier, et la chaussine ou chaux pour un tombereau sur douze de tourbe.

---

(1) Il ne faut pas qu'une motte ait plus de neufs pieds de largeur (2 mètres 923 mill.) la longueur est indifférente, 20, 30 ou 40 pieds. Ayant toujours remarqué que le milieu de ces composts est l'endroit où la décomposition est la plus lente, il ne faut pas leur donner trop de largeur. Les gaz oxigène et acide carbonique sont vraisemblablement la cause de la plus prompte décomposition des bords et des couches supérieures.

Lorsque le compost est présumé avoir suffisamment fermenté, c'est à dire cinq à six semaines après sa confection en été et plus longtemps en hiver, on coupe menu avec une pioche tranchante toute la motte du haut en bas. Ce qui est coupé est de nouveau amoncelé derrière les ouvriers, et s'y échauffe encore dans l'espace de quinze jours. L'engrais est alors disponible pour être conduit et écarté dans le champ ; on y parvient promptement, puisqu'on ne sort pas de ce champ et que deux ou trois tombereaux, attelés d'un cheval ou d'une paire de bœufs et chargés par deux ou trois personnes avec de simples pelles de fer ou fourches à trois dents, peuvent en conduire soixante ou soixante et dix tombereaux par jour ; cela est fait au moment où l'on veut faire répandre la semence et par un temps sec s'il est possible. Cet engrais a l'avantage de pouvoir être employé toute l'année pour chaque espèce de semaille ou plantation, sans avoir l'inconvénient de brûler ou incommoder les plantes quelque quantité qu'on en mette. Comme on l'emploie fréquemment, et pour ainsi dire au moment

même où il est préparé, il n'a jamais le défaut
d'être trop consommé, ainsi qu'il arrive souvent dans la manière ordinaire, où on ne le répand que deux fois dans l'année. Au moyen
de ces composts j'augmente mes engrais de
quatre à cinq fois plus qu'ils n'auraient été
sans ces additions de différentes substances et
mélanges d'engrais animaux, végétaux et mi-
néraux, et ils acquièrent plus d'activité et d'ef-
ficacité. Cette abondance d'engrais me donne
la facilité de fumer la totalité des semis et
plantations; c'est à dire les blés semés avant
l'hiver sur les défrichemens de trèfle, les
colzats repiqués, puis les terres sur lesquelles
on sème le froment de mars, l'orge, l'a-
voine, les plantations de pommes de terre et
finalement, en été, les semis ou plantations
de carottes, betteraves champêtres et rutabaga, etc.

On peut calculer que chaque bœuf, vache
ou élève nourri, à peu de chose près, les trois
quarts de l'année à la crêche, fournit environ
quatre-vingt à quatre-vingt-dix tombereaux de
fumier composs du poids, chacun, de cinq

quintaux métriques, si l'on n'a pas épargné la paille pour litière.

Pendant long-temps j'ai employé en été la terre et la tourbe sechées pour servir de litière aux bestiaux, ainsi que j'en ai rendu compte dans une notice que j'ai lue à la Société royale et centrale d'agriculture, le 20 février 1822; c'est un moyen d'épargner la paille lorsqu'elle est rare, disette qu'on éprouve souvent dans les commencemens d'une amélioration. La terre ou la tourbe séchée était renouvelée soir et matin dans la proportion, pour chaque fois, d'une forte brouettée par chaque animal dans l'étable. Elle n'était retirée qu'après avoir été mêlée avec les déjections animales et avoir absorbé les urines. Dans l'état d'un mortier ordinaire, elle était amoncelée près des étables pendant trois semaines ou un mois.

En substituant ainsi la terre sous les bestiaux à la paille dont on se sert ordinairement pour leur faire la litière, on n'a pas à craindre de les rendre malades ; ils n'en ont jamais été incommodés, ils sont même plus propres que ceux sous lesquels on a mis de la paille. J'ai

employé cet engrais en été pour semer des
raves sur guéret, qui ont parfaitement réussi,
sur les semis de blés d'hiver et même sur ceux
de printemps; partout il a produit le meilleur
effet. Cet engrais réunit les avantages du parcage, il en conserve l'odeur d'ammoniac, il
paraît même lui être supérieur, parce que
d'une part l'engrais se répand plus également,
et que de l'autre on évite une partie de l'éva-
poration qui a lieu toutes les fois qu'à raison
de la sécheresse on est obligé de retarder le
labour, reconnu si nécessaire immédiatement
après le parcage.

Je dois cependant faire mention des raisons
qui m'ont déterminé à renoncer à ce dernier
moyen de multiplication d'engrais. Elles sont
au nombre de deux : la première est que les
domestiques chargés de mettre la terre sous
les bestiaux, en mettaient moins pour en
avoir moins à sortir, et que la quantité d'engrais faits au moyen des composts dans les
champs est plus considérable; la seconde et
plus importante raison est qu'en conduisant
la terre et la tourbe dans chaque champ pour y

faire le mélange compost, on évite presque la moitié du transport de toutes les substances, puisqu'il faut conduire la tourbe ou terre devant les étables et finalement des étables dans chaque champ à fumer. On évite encore l'embarras de faire sécher ces terres, et d'ailleurs on ne peut faire usage de terre sèche que pendant l'été. J'ai cru devoir entrer dans ces détails qui pourront contribuer à faire adopter l'une ou l'autre de ces méthodes.

CHAPITRE V.

Réflexions sur la manière dont opèrent les engrais; les sels et les gaz
qu'ils développent. Utilité des composts.

En considérant tout ce qui a été dit sur les
fumiers et les engrais, on ne peut rester per-
suadé que leur grand effet soit produit, suivant
les uns par la chaleur qu'ils procurent à la
terre, et suivant les autres par la division
de ses molécules, puisque la petite quantité
de fumier répandue dans un champ ne peut
pas contribuer à l'échauffer et qu'il en faut
un amas considérable pour élever la chaleur
d'une couche. Quant à la division de la terre
opérée par les fumiers, l'effet n'en devrait
être sensible que dans les terres fortes. Mais
si l'on voit qu'une petite quantité de fumier,
même bien pailleux, opère un bon effet dans
les terres légères qui ne demandent pas à être
divisées; si l'on observe surtout que son effet
est aussi sensible sur les terres fortes que sur
les terres légères, lorsqu'il n'est répandu qu'à

la superficie seulement, et même quelquefois après la sortie des plantes auxquelles il donne de suite une couleur de vert noir qui indique une forte végétation, on conviendra que ce n'est pas à la chaleur, que ce n'est pas à la division des molécules qu'il faut attribuer tous ces bons effets : il faudra donc les chercher ailleurs.

On pourrait croire que l'humus étant divisé par les eaux, par les sels, passe à l'état savonneux et qu'il est ainsi absorbé par les plantes ; mais il faut quelque temps pour que les fumiers pailleux forment l'humus ; et dès que l'on remarque que les effets des fumiers sont sensibles de prime abord avant même que l'humus soit présumé en fusion, ne pourrait-on pas attribuer les prompts effets des engrais aux différens gaz acides carbonique et hydrogène développés ou attirés par la présence des engrais et décomposés par leur mélange avec l'oxigène ? Cette supposition me paraît toute naturelle et conforme à toutes mes observations.

Pour connaître scientifiquement l'avantage des composts, ayons recours à la chimie et faisons mention succinctement de plusieurs analyses. En premier lieu nous voyons qu'après l'incinération du froment, du seigle, de l'orge, de l'avoine, des pommes de terre, du trèfle rouge et des chaumes, on trouve en résultat la silice, l'alumine et la chaux dans des proportions qui diffèrent très peu. En second lieu l'analyse des meilleures terres, dans leur terme moyen, constate la présence de la silice, de l'alumine et du carbonate de chaux, substances que l'on considère comme les plus utiles à la végétation, mêlés à quelques sables grossiers, siliceux ou calcaires. En troisième lieu nous remarquons que les humus, produits par la décomposition des végétaux ou par les déjections animales, donnent à l'analyse l'alumine, le phosphate de chaux et du gaz acide carbonique qui se développe très long-temps. En quatrième lieu on trouve dans l'analyse des tourbes les plus grandes proportions de matière végétale, l'alumine, la silice et le carbone. Les marnes analysées contiennent le carbonate de chaux, l'alumine, la silice, le bitume. La chimie nous apprend aussi que la chaux, quoique dégagée par le feu de son acide carbonique, attire singulièrement l'oxigène et facilite la décomposition des humus; que le carbone, l'hydrogène et l'oxigène entrent dans la composition de tous les végétaux et sont les principaux agens de la végétation. Nous devons toutes ces connaissances à la chimie. Ce sont des faits avérés, ils ne sont plus sujets à contestation, et l'on peut en conclure qu'il est utile d'employer dans les composts toutes ces différentes substances puisqu'elles entrent dans la composition des bonnes terres et dans la formation de tous les produits du sol.

D'un autre côté, si le mélange dans les composts contribue à former, attirer ou développer les gaz acides carbonique, hydrogène et oxigène, et que la partie terreuse contribue à les absorber et fixer dans les composts, il sera prouvé qu'on ne saurait user d'un moyen plus efficace pour fertiliser les champs.

L'étendue et la destination de ce Manuel ne permettant pas d'entrer dans tous les détails des différentes analyses, je ne les ai rapportées que bien succinctement et présentées dans cet ensemble qui détermine la conclusion. Je conviens qu'une partie de ces réflexions ne peut pas être à la portée du peuple, mais elle pourra être utile à quelques personnes qui suppléeront aisément à ce qui n'est que légèrement indiqué : j'ai voulu prouver que l'expérience venait à l'appui de la science. Il suffira au simple cultivateur de savoir que ces composts ne manquent jamais leur effet, et qu'on est amplement dédommagé de la peine qu'ils donnent à faire.

CHAPITRE VI.

Choix des semences ; temps qu'il faut choisir pour les faire.

Le choix des semences est d'un intérêt majeur en agriculture : il est nécessaire de se procurer les plus beaux grains , ceux qui sont purs et parvenus à la plus grande maturité. Cette dernière condition est surtout de rigueur pour les froments qui sont sujets à la carie; le chaulage est aussi fort utile pour les préserver de cette maladie : on éprouvera presque toujours un grand avantage à changer une partie de ses semences chaque année , ou au moins de temps à autre , ayant soin de les tirer d'un terrain différent et s'il est possible inférieur en qualité.

Quant au temps le plus favorable qu'il convient de confier les semences à la terre , on sentira bien que ce Manuel s'adressant aux habitans de contrées soumises à des températures différentes, on ne peut que recommander de suivre en cela les usages du pays et prendre un juste milieu ; ni trop tôt ni trop tard pour les blés semés avant l'hiver. Quant à ceux semés au printemps il serait à propos qu'une partie le fût un peu tard , parce qu'il arrive souvent que les semailles tardives ont un plus grand succès. Il faut en général avoir égard à la fréquence des pluies, qui n'arrivent pas partout aux mêmes époques : la réussite tient souvent à une pluie favorable qui tombera au moment où les blés sont sur le point de monter en épis.

CHAPITRE VII.

Premier assolement convenable à la plupart des terrains sablonneux, légers ou granitiques, dans les commencemens de l'amélioration. Danger du pacage des prairies artificielles, surtout des luzernes et des trèfles ; remèdes contre la météorisation.

L'assolement qu'il convient d'appliquer à la plupart des terrains légers et sablonneux dans les commencements de l'amélioration me paraît être celui-ci, auquel je me suis arrêté après plusieurs essais.

Divisant les champs en cinq portions égales.

La première année, pour nettoyer la terre si elle est infestée de mauvaises herbes, devra être consacrée à la culture des pommes de terre, des pois, des haricots, lentilles, carottes, betteraves champêtres et de plantes enfin qui, par les rigoureux sarclages qu'elles exigent pour leur complète réussite, feront périr les chiendens et autres mauvaises herbes ; et si la terre était par trop salie par toutes les plantes parasites, il ne faudrait pas hésiter, ainsi que je l'ai déjà dit, à la faire labourer pendant tout l'été autant de fois qu'il serait nécessaire pour la purger entièrement et l'amener à un état complet de propreté, condition essentielle pour la prospérité des prairies artificielles. Le cultivateur qui aurait l'intention de faire les défoncements que j'ai indiqués pus haut devrait aussi commencer son opération, cette première année, sur un champ qui précédemment, aurait rapporté une récolte de céréales, seigle ou froment. Ce serait encore un des moyens les plus sûrs pour nettoyer ce champ ; et s'il commence son opération immédiatement après la récolte de la céréale, son champ fût-il le plus mauvais de sa propriété, pourvu qu'il soit bien fumé, il peut le destiner à la plantation de choux colzats, et à cet effet il aura dû semer, dans les premiers jours de juillet, de la graine de colzat dans un bon terrain bien amendé pour lui fournir le plant nécessaire, qui pour bien réussir aura été semé clair et soigneusement sarclé.

On le repique à demeure dans ce terrain

défoncé , dans le commencement du mois d'octobre , à la distance d'environ dix pouces à un pied (deux cent soixante-onze à trois cent vingt-cinq millimètres) en tous sens. En sarclant ce champ de colzats au printemps dès que les plantes commenceront à monter en graine, il sera aussi bien nettoyé que s'il eût été mené de guéret, c'est à dire labouré sans aucune récolte. Ces colzats, ainsi placés sur des planches bombées , se trouveront dans la position la plus avantageuse, parce qu'en général ils craignent l'humidité pendant l'hiver, et produiront une récolte abondante, surtout si le plant était fort lorsqu'il a été planté. Elle indemnisera bien amplement de tous les frais de défoncement, de plantation et de binage. Comme la récolte du colzat est ordinairement faite sur la fin de juin ou au commencement de juillet, on peut encore, en labourant le champ immédiatement après la cueillette, le planter en pommes de terre qui rendront cinq setiers pour un planté ; ou , si on le préfère, il sera semé en blé sarrasin que l'on laisserait mûrir, à moins qu'on ne veuille l'enfouir comme engrais par un labour, si l'on a la crainte qu'il ne parvienne pas à maturité. C'est ce que j'ai toujours pratiqué dans mes plus mauvais champs, même la première année du défoncement. Il faut convenir que ce n'est pas mal débuter que d'avoir deux récoltes en une seule année : voilà un des prodiges de la bonne culture et qui doit encourager à faire ces améliorations. Je puis dire que j'ai souvent joui de l'étonnement de plusieurs agriculteurs distingués auxquels je prenais plaisir à montrer ces travaux.

Cette récolte secondaire ou intercallaire de pommes de terre n'est pas dans le cas de causer le moindre dérangement par le temps qu'on est forcé de la laisser en terre, afin que ce tubercule puisse mûrir, ce qui n'aura lieu qu'à la fin d'octobre ou au commencement de novembre, puisque ce champ ne doit pas être semé en blé d'hiver.

Pour ne pas perdre le bénéfice des soins que l'on a donnés cette première année afin d'obtenir des champs purgés d'herbes parasites, il faut avoir, à l'avenir, l'attention d'empêcher les mauvaises herbes de grainer, et si l'on est forcé d'acheter des pailles pour la litière des bestiaux, il faut préférer celles qui sont nettoyées et que le cultivateur est dans l'habitude de *couler* pour réserver les plus fines dont il nourrit ses bestiaux, afin de ne plus introduire aucune mauvaise graine dans le champ purifié.

Je suis entré dans beaucoup de détails sur les soins de cette première année, comme étant la condition nécessaire pour la réussite des quatre autres récoltes subséquentes et surtout de celle du trèfle. Il faudra répéter ces soins plus ou moins exactement, suivant le degré de propreté des champs, lors du renouvellement de la rotation de culture.

La seconde année, c'est à dire après les pommes de terre, colzats, etc., on sèmera sur un ou deux labours préalables et fumure s'il est possible, on semera, dis-je, du froment de mars, de l'orge ou de l'avoine; on hersera, puis le trèfle sera semé et recouvert par un autre hersage.

Au printemps suivant il sera nécessaire de

mettre une demi-livre (un quart de kilo.) de plâtre pulvérisé cuit ou non cuit (1) sur chaque toise carrée (deux mètres) des trèfles, sainfoins ou luzernes, et par un temps calme et humide. J'ai souvent partagé cette quantité pour en répandre la moitié avant l'hiver, au commencement de novembre, et l'autre moitié au printemps. Mes récoltes en trèfle ont été plus abondantes les années où le printemps a été sec que si j'avais attendu cette saison pour répandre la totalité du plâtre. On sera récompensé de cette dépense d'engrais pulvérulent par la récolte du trèfle qui sera plus que double de celle qui n'aurait pas été plâtrée. On ne doit donc jamais se dispenser de le plâtrer, puisque la récolte en trèfle et celles

---

(1) J'ai remarqué que le plâtre cru fait autant d'effet que celui qui est cuit, et même que ses effets sont plus durables, raison qui doit faire préférer le plâtre cru pour le sainfoin et la luzerne. Mes observations n'ont été faites que sur les gypses ou plâtres primitifs, les seuls que l'on possède dans le centre de la France. On y emploie avec avantage les plâtres de ce genre, que l'on a découvert à Lempdes, près du pont du château (Puy-de-Dôme), et malgré qu'ils soient trop terreux pour servir à la décoration des appartemens, ils n'en sont pas moins bons pour plâtrer les prairies artificielles, et offrent une économie de plus de moitié sur les gypses bien purs dont on fait usage dans les bâtimens.

en céréales à venir en seront plus belles. Je n'hésite pas à dire que celui qui se refuserait à cette dépense entendrait bien mal ses inté-rêts et ne mériterait pas le nom d'agriculteur; l'impossibilité de s'en procurer serait sa seule excuse.

La récolte de la troisième année consiste dans deux ou trois coupes qui seront faites, soit pour nourrir en vert les bestiaux à l'étable, soit pour être séchées et servir de nourriture pendant l'hiver.

Le produit de la quatrième année sera d'une seule coupe de trèfle, s'il est assez fort pour être coupé; dans le cas contraire, il sera pa-cagé sur place, mais avec l'attention de ne ja-mais y conduire les bestiaux sans qu'ils aient préalablement mangé quelque chose et bu s'il est possible, encore faut-il avoir la pré-caution de ne les y laisser que peu de temps en commençant, comme une demi-heure, et aller progressivement jusqu'à ce que les bes-tiaux y soient accoutumés. Il est prudent d'avoir de l'alcali pour en donner à un bœuf ou à une vache ce que peut en contenir une cuillère à bouche dans une demi-pinte (ou demi-litre) d'eau au moment où on s'aperçoit de la météorisation. Une mesure de poudre semblable à celle que l'on met dans un fusil de chasse, écrasée dans une demi-pinte (ou demi-litre) de lait pourrait suppléer à l'alcali ou être donné après lui, s'il n'a pas produit d'effet. On fait promener doucement l'animal météorisé, et il est rare que les vomissemens ne viennent pas au secours de sa panse ballonée; le plus souvent il fiente, ce qui est un autre signe de l'effet du remède. J'ai cru devoir parler de ce danger parce qu'il est effrayant et que l'on pourrait perdre l'animal météorisé par le retard que l'on mettrait à administrer le remède. Si l'animal était dans l'impossibilité de marcher et qu'il restât couché, il faudrait donner de l'air à la panse en la perçant avec un *trocard*. Enfin si malgré tous ces soins le bœuf ou la vache venait à périr, on profitera de la viande que l'on peut manger sans répugnance dans le cas où la météorisation sera la seule cause de sa mort.

Le trèfle comme la luzerne n'aura pas

l'inconvénient de la météorisation lorsqu'il sera coupé dix ou douze heures avant que d'être donné à manger aux bestiaux.

Immédiatement après que le trèfle est coupé ou mangé, il faut de suite le défricher, et profiter pour cela des premières pluies qui détrempent le sol et permettent à la simple araire (1) de le labourer très près, c'est à dire à raies très rapprochées et sans entrer profondément. Au second labour croisé on entre un peu plus avant. Deux autres labours suffisent ordinairement pour préparer la terre, aussi bien qu'une autre terre qui n'aurait rien produit, à recevoir la semence des blés d'hiver sur la fin de septembre, ou au commencement d'octobre, suivant les localités.

La cinquième année se composera de la récolte provenant de ce semis de seigle. Si l'on a pu fumer un peu avant le semis, la récolte

____

(1) Je me servais autrefois pour faire le premier labour du défrichement de la charrue de Brie à avant-train, cela formait des espèces de rubans avec la pelouse parfaitement retournée. Mais au second labour croisé, la pelouse ou gazon n'étant point pourrie reparaissait à la surface, et le défrichement se terminait moins bien et plus lentement.

en sera meilleure et pourra produire du sep-
tième jusqu'au dixième grain de semence em-
ployée. Dans les portions du champ de la meilleure qualité, on pourra avoir une récolte
secondaire de raves dont les avantages sont
grands pour prolonger la nourriture verte aux
bestiaux pendant l'hiver, et fournir même,
avec les betteraves champêtres et les rutabaga ,
à l'engraissement des bestiaux; occasion qu'il
ne faudra jamais perdre, à raison des béné-
fices résultans de la vente, et surtout pour
augmenter les quantités de fumiers.

Nous voilà arrivés au renouvellement de l'assolement, qu'il est bien facile de maintenir
ainsi, en ne dérogeant en rien et sous aucun
prétexte à la rotation ci-dessus indiquée. La
difficulté consiste seulement à établir à la fois
l'assolement dans les cinq portions de terre
qui le composent, de manière à ce que chacune d'elles porte la récolte qui lui est propre,
et à faire le changement d'un nouvel assolement lorsque cela sera nécessaire.

CHAPITRE VIII.

Autre assolement lorsque le terrain aura été amélioré.

Il y aura bien de l'avantage à changer l'assolement lorsque les champs auront été améliorés.

Un des premiers changemens sera de substituer le froment au seigle, lorsque l'on s'apercevra qu'il y aura un luxe de végétation qui fera verser ce dernier. Il y aura aussi profit à ne laisser subsister le trèfle qu'une seule année, et le défricher après la seconde ou troisième coupe de la seconde année de son semis, parce qu'il faut convenir que de tous les produits des cinq années dans le premier assolement, cette unique coupe qui précède le défrichement n'est vraiment qu'une demi-récolte ; et le seul avantage qui se trouve dans cet assolement c'est d'avoir quatre mois pour préparer la terre à recevoir la semence du blé hivernal. Tandis que dans le second assolement, en défrichant le trèfle un an plus tôt, on a peu de temps pour préparer le terrain à être ensemencé. Cependant on y parviendrait si l'on voulait se contenter de la première coupe de trèfle, chose à laquelle je n'ai pas voulu consentir, parce que je ne me trouve pas suffisamment indemnisé des peines et dépenses du semis de trèfle. On pourrait encore jouir des deux coupes de trèfle ; mais il faudrait pouvoir semer le blé d'hiver après le défrichement sur un seul profond labour. Je vois dans les livres d'agriculture que cette pratique a lieu dans quelques localités ; mais dans les pays granitiques, chez moi par exemple, le défrichement serait mal préparé pour recevoir la semence, si on ne lui donnait pas au moins quatre labours. Dans cette position il faudra se borner à semer, au printemps, de l'avoine, qui prospèrera dans un sol nouvellement défriché. Pour lors ce deuxième assolement serait :

Première année. Pommes de terre, colzats repiqués, pois, haricots, betteraves champêtres, rutabaga.

Seconde année. Froment d'hiver, sur lequel

on semerait, au printemps, du trèfle, à raison d'une livre un quart (5/8 de kilo) par cent toises carrées (187 mètres 004 mill.); il serait recouvert en sarclant ledit blé.

Troisième année. Deux ou trois coupes de trèfle formeraient ce produit.

Quatrième année. Avoine semée au printemps sur défrichement de trèfle.

Cinquième année. Semis de dragées ou mélange d'avoine, orge et vesce, qui sera coupé en pleine fleur pour fourrage.

Sixième année. Récolte de froment semé avant l'hiver.

Dans cet assolement, bien préférable au premier, le froment reviendrait deux fois en six années, et ne pourrait que bien prospérer, puisqu'il serait placé dans les positions les plus favorables de l'assolement (1); et qu'il

----

(1) Cependant le froment reparaîtrait une fois après les pommes de terre, et j'ai fait remarquer quelque part que si le seigle réussit souvent mal après la pomme de terre, ce n'est pas précisément parce que la terre est fatiguée par la production de ce tubercule, mais qu'il faut plutôt l'attribuer à ce que la terre se trouve trop fraîchement et trop profondément remuée immédiatement avant la semaille du seigle. Ce qui est une des raisons qui m'a fait préférer de faire succéder aux pommes de terre un blé de mars dans le premier assolement. Comme

n'y aurait pas de récolte médiocre : mais pour cet assolement il est nécessaire que le terrain ait été bien amélioré, puisqu'il n'existe pas de meilleur assolement pour les terres les plus fertiles.

---

dans le second assolement ce sera du froment au lieu de seigle, il y aura moins d'inconvénient à le faire succéder aux pommes de terre, puisque le froment est semé plus tard : on pourra même diminuer cet inconvénient en se servant des pommes de terre hâtives, qui seront récoltées plus tôt.

^^

CHAPITRE IX.

Nécessité de faire quelques avances en capitaux pour parvenir à une bonne culture et obtenir de bons produits. Différence entre les produits provenant d'une bonne culture et ceux d'une terre cultivée suivant l'ancienne méthode.

Il est peu d'entreprises qui ne nécessitent pas l'emploi de quelques capitaux. La bonne culture n'en est pas exempte. La chose importante est de les faire rentrer avec les intérêts qui dédommagent des avances faites depuis plus ou moins de temps. Attendu que plusieurs cultivateurs blâment les dépenses que l'on fait en agriculture, parce qu'ils ne peuvent ou ne veulent pas les faire, il est nécessaire d'entrer dans quelques détails à cet égard. La manière dont se fait l'agriculture en Angleterre doit nous prouver que les capitaux peuvent être utilement employés en agriculture, et quoique les Anglais n'aient été dans le principe que les imitateurs de ce qui se pratiquait en Flandre, ils nous ont maintenant devancés, si l'on en excepte quelques portions de la France telles que la Flandre et la Normandie. Dans ces pays-là, comme en Angleterre, l'agriculture n'est florissante qu'au moyen des capitaux que les propriétaires ou les fermiers sacrifient à la culture, au choix des belles races de bestiaux et à l'engraissement. S'il fallait chercher ailleurs d'autres exemples, nous les trouverions en Allemagne, où l'agriculture a d'heureux résultats, parce que le simple cultivateur est dans une aisance inconnue en France et peut faire quelques avances.

D'ailleurs un raisonnement bien simple suffira pour prouver qu'il y a avantage à faire des sacrifices d'argent pour améliorer ses propriétés, plutôt que de faire une acquisition nouvelle ; puisque en devenant possesseur de propriétés nouvelles, vous accroissez vos revenus et augmentez aussi vos impôts ; tandis qu'au moyen d'améliorations, vos revenus augmentent et vos impôts restent dans le même état.

Il suffit d'examiner de près les champs bien cultivés, d'en calculer les produits et de les comparer à ceux d'un champ cultivé suivant l'ancienne méthode; on verra que l'un produit le grain huit et dix, tandis que l'autre ne peut rendre que le deuxième, le troisième ou le quatrième grain pour un de semence confiée à la terre. Maintenant si l'on déduit la semence dans l'un comme dans l'autre cas et certains frais indispensables qui sont communs à la bonne ainsi qu'à la mauvaise culture, tels que les labours ordinaires et les dépenses de moissons, on aura la preuve certaine que le premier aura produit net plus de quatre et cinq fois plus que le second. Mais si l'on fait attention que ce champ bien cultivé, en alternant ses récoltes, produira tous les ans, et que l'autre ne donnera qu'une récolte tous les deux ou trois ans, on sera convaincu que le champ bien cultivé rapportera dans les proportions de neuf à dix fois plus que celui abandonné à la méthode ordinaire.

Je crois inutile d'insister davantage; ce sont des faits que toutes les personnes qui sont venues chez moi ont pu juger.

CHAPITRE X.

Instrumens aratoires, utilité de plusieurs pour diminuer la main-d'œuvre.

Si l'agriculture est un art mécanique jusqu'à un certain point, il doit être avantageux de lui appliquer les mécaniques. Un grand nombre d'instrumens aratoires peuvent mériter ce nom par la facilité et la célérité qu'ils procurent dans l'exécution des travaux champêtres.

L'araire de M. de Dombasle est au nombre de ceux que l'on peut employer avec avantage dans les terrains qui ont assez de profondeur de terre et qui seront débarrassés des grosses pierres qui s'opposeraient à sa libre circulation.

On fait usage de rouleaux, d'extirpateurs qui opèreront de bons effets dans la plupart des terrains.

On connaît aussi un grand nombre de herses carrées ou triangulaires, à chevilles

en fer ou en bois, qui sont d'une nécessité indispensable pour faire périr les mauvaises
herbes, faciliter l'ameublissement de la terre,
surtout après les fortes pluies, et recouvrir
certaines semences qui demandent à être peu
enterrées; travail important et qu'il est essentiel d'exécuter promptement.

La petite herse à cheval de douze à quatorze
dents de fer, la houe à cheval, le cultivateur
sont des instrumens très utiles pour ceux qui
veulent cultiver en grand les pommes de terre.

On en trouvera la description et les figures
dans le Cours d'Agriculture, en seize volumes,
de Déterville, ou dans les ouvrages de M. de
Dombasle.

La plupart de ces instrumens aratoires procureront une grande économie dans les travaux
agricoles.

CHAPITRE XI.

Avantages des semis et plantations de bois sur les montagnes, dans les terrains à pentes rapides, et même dans les terres en plaine lorsqu'elles sont d'une nature ingrate, et qu'elles nécessitent des dépenses trop fortes pour les amener à de bons produits en céréales.

L'accroissement de la population, la civilisation qui nous porte à rendre nos demeures plus agréables, plus saines, plus spacieuses, la multiplication des feux, le grand usage des pommes de terre, ont déjà rendu et rendront encore plus rares les bois de construction et ceux de chauffage ; les prix s'en élèvent tous les jours. Il est à désirer que les propriétaires aisés veuillent bien s'occuper d'utiliser par des semis et plantations de bois, toutes ces montagnes qui ne rapportent que quelques chétifs pacages, ces terrains à pentes rapides que l'on cultive quelquefois. Ce serait un moyen de les soustraire aux ravages des eaux qui les ravinent et entraînent toute la terre qui se trouve fraîchement remuée par les labours ; on ne doit pas même en excepter ces terrains ingrats qui sont en plaine , lorsqu'ils exigent des dépenses trop considérables pour les amener à produire des céréales.

L'expérience m'a appris que le petit cultivateur ne se décidera que bien difficilement à semer et planter des bois , et que s'il vient à lui échoir par partage ou acquisition un terrain boisé , il n'a rien de plus pressé que de tout couper. Ce n'est donc pas à ce simple cultivateur que je m'adresserai parce qu'il vit au jour le jour ; mais je dirai à un grand propriétaire qui doit prendre en considération l'avenir de sa famille , qu'il est à mes yeux bien insouciant , je dirai même impardonnable de ne pas utiliser les terrains ci-dessus désignés, de ne point border ses champs et surtout les chemins avec les arbres les plus recherchés et les mieux venant dans le canton. Au profit qui doit en résulter pour sa famille comme pour l'état, il s'y joindra des avantages sans nombre, indépendamment de l'agrément et de la décoration d'un pays; puisque les arbres sont aux champs ce que les vêtemens sont aux hommes. Les bois procurent en outre aux hommes et aux animaux des abris contre la chaleur et le poids du jour; ils ne sont pas moins utiles pour diminuer l'intensité du froid et la violence des vents. On peut les regarder comme la source première des fontaines et des ruisseaux qui animent la nature et fertilisent les plaines. Ce propriétaire pourra-t-il être insensible à l'idée qu'un jour sa mémoire sera chère , son nom sera béni par ses enfans , petits-enfans ou arrière-neveux à l'aspect des bois qu'il aura semés ou plantés et qui procureront aux uns des jouissances d'agrément et aux autres un capital sur lequel ils fonderont un espoir de fortune.

Pour parvenir à cette heureuse fin il suffit, si l'espace est considérable, de faire de nombreux semis sur place de plusieurs sortes de graines, de glands de chêne, de châtaignes, de graines de bouleaux, de graines de plusieurs arbres verts ou résineux tels que sapins, épicea, pins silvestres, de riga, d'Écosse, larricio et mélèze d'Europe. On observera que la terre qui recevra les graines d'arbres verts doit être peu travaillée, peu ameublie, parce que les herbes et plantes serviront à protéger les petits pins et mélèzes lorsqu'ils lèveront, à moins qu'on ne se décide à semer en même temps une céréale qui remplisse les mêmes fonctions.

On placera chaque espèce suivant la nature de terre qui lui conviendra, ayant égard à la sécheresse , à l'humidité , à la température plus ou moins froide. Les plus mauvais terrains seront destinés aux différentes espèces de pins silvestres, et les plus froids aux mélèzes, qui s'accommoderont fort bien de ces derniers où les autres arbres refuseraient de croître; mais le mélèze réussira aussi fort bien dans tous les terrains granitiques , pourvu qu'ils ne soient pas trop humides; les terrains calcaires lui sont contraires. La promptitude et la force de la végétation étonneront ; elles surpasseront celle de tous les autres arbres, et la direction verticale de cet arbre, même isolé, fera plaisir. Les mélèzes, qui chez moi comptent vingt ans d'existence et sont placés dans des terrains fort ordinaires, ont déjà acquis trente-cinq à quarante pieds de hauteur et trois pieds et demi de circonférence à leur base. On ne saurait trop multiplier cet arbre résineux dont le bois est bien préférable à celui du sapin qui est si difficile sur le choix du terrain et de l'aspect.

Dans la plupart des terrains légers et granitiques, les semis ci-dessus réussiront bien; cependant il sera prudent de faire en même temps des pépinières de chacune des espèces d'arbres que l'on aura semés à demeure. On parviendra plus facilement au remplacement de toutes les places vides lorsque le temps en sera venu. A cet effet on se procurera des pourrettes de ces différentes espèces, ou bien on en semera des graines près de son habitation pour les soigner. Il est plus difficile d'obtenir des arbres verts et des mélèzes par les semis. Ils seront faits dans des terrines et en terre de bruyère, et ils seront soignés au moment de leur sortie pour les préserver des dégâts occasionnés par les rats, les oiseaux et surtout par les limaçons, qui deviennent abondans dans les temps de pluie. On trouvera dans le jour ces limaçons refugiés dessous les terrines, et dans la nuit ainsi que les jours de pluie ils s'attacheront aux petits arbres verts et aux mélèzes, qu'ils suceront et feront périr. Il n'existe pas d'autre moyen de s'en défendre qu'en les détruisant, ou en isolant dans un vase rempli d'eau tous les pieds des bancs qui sont destinés à supporter les terrines.

Mais ce n'est pas le seul danger que courent les jeunes mélèzes et arbres verts ; il faut encore les garantir des coups de soleil qui dans tout le cours de l'été de la première année leur sont si préjudiciables. Si ces terrines sont placées au pied d'un mur au levant, inclinant au nord, elles seront à l'aspect qui leur conviendra, et il sera facile de leur donner l'ombre d'un paillasson pour empêcher les jeunes plants d'être brûlés par le soleil de dix heures à midi. Les paillassons seront abaissés ou retirés lorsqu'ils ne sont plus nécessaires, parce qu'il est utile que les plants aient de l'air et de la lumière pour ne pas s'étioler.

A l'approche de l'hiver les terrines seront enterrées à fleur de terre, et pour les préserver de la gelée sans neige qui ferait boursoufler la terre et déracinerait les jeunes plants, on répandra sur les terrines une grande quantité de paille hachée menu, ou l'on couvrira lesdites terrines avec de la litière sèche qu'il faudra alternativement mettre et ôter afin de leur procurer de l'air lorsqu'il ne gèle pas.

On conçoit bien que ces précautions ne pouvant être prises lorsque l'on sème en plein champ, il n'est pas étonnant que les semis à demeure procurent souvent une si petite quantité de pieds, malgré qu'on ait employé beaucoup de graines pour les ensemencer.

Ici se terminent les soins de la première année; les soins de la seconde année sont bien moins importans, cependant je vais en parler.

Au printemps suivant, lorsque le plant entre en sève on le retire des terrines pour le repiquer en planches, à la distance de deux à trois pouces (de cinquante-quatre à quatre-vingt-un millimètres) dans des rayons espacés de dix pouces (deux cent soixante-dix millimètres) afin de pouvoir les sarcler au besoin. Il peut rester dans cette position deux ans, cependant on ferait mieux de l'arracher au printemps de la troisième année pour le repiquer encore en planches, mais à une distance de cinq à six pouces (cent trente-cinq à cent soixante-deux millimètres): il est reconnu que plus les arbres verts et résineux sont replantés souvent dans leur jeunesse, plus ils acquièrent de chevelus et reprennent avec facilité lorsqu'ils sont plantés à demeure. On exécute cette dernière opération au printemps de la quatrième année, en observant soigneusement de ne commencer la plantation que lorsque la sève est en mouvement, et de garantir du hâle toutes les racines, qui, n'étant composées que de chevelus, sont très délicates et susceptibles de se dessécher.

CHAPITRE XII ET DERNIER.

Avantage pour le peuple de se trouver dans le voisinage de propriétaires agronomes. Avantage pour l'état si le goût de l'agriculture était généralement répandu.

On ne saurait révoquer en doute que les cultivateurs qui sont placés à la proximité de propriétaires agronomes ne soient plus à portée de profiter de quelques exemples utiles. Le bien se propage lentement, cependant lorsque plusieurs petits cultivateurs se décideront à les imiter ce sera pour les autres un grand indice de la bonté des procédés et dès-lors ils ne tarderont pas à se répéter de proche en proche. L'avantage est bien positif pour la classe ouvrière qui, en tout temps, trouvera de l'occupation, parce qu'une agriculture soignée demande beaucoup de main d'œuvre. Si le goût de l'agriculture se répandait plus généralement, il y aurait sans contredit un grand bonheur pour le peuple qui consommerait

davantage s'il parvenait à récolter beaucoup.
Celui qui le voit de près est bien à même de
juger qu'il s'impose des privations sur les ob-
jets de première nécessité. Comme dans un
état tout est relatif, si le peuple devient riche,
les impôts sont mieux payés, les droits sur les
consommations sont plus considérables, l'in-
dustrie prend de l'accroissement, et tout le
monde bénit le gouvernement qui amène
ces résultats.

TABLE

DES CHAPITRES ET DES MATIERES

DU MANUEL D'AGRICULTURE.

FIN.

www.ingramcontent.com/pod-product-compliance
Ingram Content Group UK Ltd.
Pitfield, Milton Keynes, MK11 3LW, UK
UKHW022107170726
13837UKWH00003B/1110